PROOEMIVM
MATHEMATICVM.

Gallorum Regi Christianissimo
& Nauarræ LVDOVICO XIII,

AVANT-PROPOS
POVR LES MATHEMATIQVES.

Au Tres-Chrestien Roy de France
& de Nauarre LOVIS XIII.

A PARIS,
PAR PIERRE LE COVRT.

Auec Priuilege de sa Majesté.

1612.

REGI

Proœmium Mathematicum.

Ccɛ ,. Alexander Philippi futurus quidem Orientis Monarcha cum alijs quàm cum Regibus in Palæstra exercere se renuit. Eece, Ludouicus Henrici Magni ijs artibus institui non vult, quas Reges non quilibet, sed maximi rerum domini minime probauerint, suoque exemplo se ad eas in hac sua tenella ætate, qua totus summa Heroïcæ virtutis commendatione gestit, capescendas non commouerint. Id quidem animo vere Regio, qui otio & labore Principis incassùm vti non sinit. Cumque vsq; huc (ô Rex) ductus præcipue exemplo summorum Regum, quos ob Majestatis gloriam imitari animus tibi est, in bonis litteris te sapientissimo præceptori facilem præbueris, quæris etiam in Mathematicis, cum proponuntur, Regum symbola antequam

AV ROY.

Auant-propos pour les Mathematiques.

VOILA, *Alexandre fils de Philippe Roy de Macedoine futur Monarche de l'Orient, refuse de iouſter auec d'autres personnes qu'auec des Roys :* Voicy LOVYS *fils* de HENRY *le Grand ne veut eſtre inſtruit en aucunes ſciences, que celles que des Roys non encore toṣs, mais les plus grands, n'ayent aprouuées, & auſquelles il ne ſoit à leur exemple, en ce bas âge, où il fait paroiſtre d'auoir en grande recommandation toute vertu heroïque, porté à les apprendre.* Cela procede d'vn courage vrayement Royal, qui ne permet qu'on employe mal le loiſir & le trauail du Prince. De là (SIRE) à l'exemple de pluſieurs grands Roys (la gloire deſquels vous conuie à les imiter) V. M. ſe rend facile, & plie aysément à ce qu'on deſire d'elle pour l'eſtude des bonnes lettres : & comme on vient à luy propoſer les Mathematiques, deuant

A ij

te dedas pulueri vel radio. Has equidem disciplinas si quas alias Heroes suas fecerunt, putà inconcussa veritate diuinas, summa voluptate amabiles, maxima vtilitate necessarias. Id Regum qui omnibus retro seculis vixerunt monumentis adstans fama dictorum factorúmque vehens adoreas celsas, eloquitur. Verum non omnium vox tanto Principe exauditur. Qui cæteris pietate, potestate, gloria magni præstiterunt Magno Patre edoctus solos in consilium tui muneris adhibes. Audiat itaque celsitudo Majestatis tuæ quos excelsos habuit orbis: cum domi magnum Franciscum, qui huic tuo Regno olim suo Mathemata cum cæteris scientijs, quas iniuria barbarorum temporum miserè exceperat, restituisse suo maximo bono maximaque sui nominis commendatione refert: Magnum Carolum, qui se non solum Latinas Græcasque literas, sed etiam Mathematicas & omnigenam Philosophiam edoctum prædicat, & ijs artibus adiutum Occidentale Imperium in liliatam domum attulisse gloriatur. Tum fo-

qu'elle vueille prēdre ny carte ny crayon en main,
elle demande quelle approbation en ont fait les
Roys qui l'ont precedé. Elles ont esté, SIRE, les
fauorites des grāds du mōde, qui d'vne immua-
ble verité qu'on y recognoist, les ont estimées diui-
nes : du grād plaisir qu'elles dōnent, aymables : &
de l'indicible vtilité qui s'en retire, necessaires.
La renommée qui sied sur les monumēs des Roys
qui ont vescu par le passé, chargée de riches mois-
sons de beaux dicts & de glorieux faicts, le chan-
te. Mais vn si grand Prince que vous ne les veut
tous entendre. V. M. enseignée d'vn Pere qui
a merité le nom de Grand, n'admet vers elle
pour luy donner conseil en ce qu'elle a à faire, que
ceux qui grands de nom & d'effect ont surpassé les
autres en pieté, en puissance & en gloire. Qu'elle entende donc ceux que le monde a recognu de
ceste qualité. Chez elle le grād François luy rapporte qu'il a restably en vostre Estat, qui fut ja-
dis sien, les Mathematiques quant & les autres
sciences, lesquelles par l'iniure de quelques sie-
cles barbares auoient esté mal traictées & qu'il
en a retiré du bien & de l'honneur. Charlema-
gne se vanto d'auoir appris non seulement les
lettres Grecques & Latines, mais aussi les Mathematiques & la Philosophie, & qu'aidé de
ces cognoissances là, il a apporté en la maison
de France l'Empire d'Occident. Quelle oye entre

A iij

ris Iulium Cæsarem qui dominorum orbis
victor se Sossigene Doctore Mathematicum professus est, Calendarium restituit,
& de Astrologia libros reliquit: Alexan-
drum illum Magnum, de quo mox retuli-
mus, qui inter arma philosophatus omni
genere sophiæ, plurimas gentes, mirum!
citius debellarit quam quilibet alius vere-
dario excurrerit: Dauidem illum imma-
nium Gigantum, crudelium etiam leo-
num oppressorem, incirconcisorum toties
victorem, quem vno die decem hostium
millia ad internecionem deuicisse decan-
tarunt virgines Hebrææ, hominem tan-
dem secundum cor Dei, qui vna cum du-
centis hominibus ex tribu Isachar scien-
tiæ temporum gnaris, in bellis Mathemata
tractauit: Herculem denique omnium
Heroum principem, quem etiam nostri
Galli indigetant, qui tot labores exantla-
uit litteras Mathemata & arma edoctus à
Lino, Eurito & Philomonide Eumolpo,
qui summus cum Geometra esset aquas
ingeniosissime & librauit & deduxit, qui
denique insignis Astronomus a Poetis At-
lanti opem ferre, & æquis vicibus coelum
sustinere fingitur. Isti omnium instar esse
possunt nec est cur moreris (Domine)

les estrangers Iules Cesar le vainqueur des Romains, maistres du monde, qui enseigné de Sosigenes fit profession de Mathematicien, corrigea le Calendrier, & nous laissa de beaux liures d'Astronomie : Alexandre le Grãd, duquel nous parlions n'agueres, qui ayant philosophé en toute sorte de sçauoir parmi les armes, subiugua auec merueille beaucoup de puissantes nations en moindre temps qu'vn bon courrier ne les auroit visitées. Le Roy Dauid domteur d'enormes Geans & de forts Lions, tant de fois vainqueur des infidelles, celuy que les pucelles de Palestine ont tesmoigné par leurs chants auoir défait en vn iour dix mille ennemis, bref homme selon le cœur de Dieu, auoit tousiours en ses armees deux cens hõmes de la lignée d'Isachar fort entẽdus en Astronomie, auec lesquels il pratiquoit ce qui dépendoit des Mathematiques. Enfin qu'elle prenne aduis de Hercules le Prince des Heros, que nos ancestres ont tenu auoir esté Gaulois, qui mit à chef ses grands trauaux & ses conquestes, ayant esté soigneusement instruit aux lettres humaines, aux Mathematiques, & aux armes par Linus, Euritus, & Philomonides Eumolpus, & estant grand Geometre print plaisir à balancer les eaux, & à conduire des fontaines, & cõme insigne astronome a esté feint soulager Athlas, & supporter le Ciel. Ceux-cy peuuent suppleer pour tous les autres, & n'y a rien pournumeros sub ducere, lineas & superficies metiri, corpora ponderare, sonorum interuolla pensitare, deniq; cœlorum motus contemplari, nisi manum summa prudentia operi admouere desinas, quousque Maiestati tuæ Mathematum vtilitas simul & voluptas ex singularum partium munere innotescant. Arithmetica numeros tractat, quos si quis ab hominibus auferat nunquam prudentes nos fore aiebat Plato: Quippe (inquit) numerus omnibus scientijs percipiendis est necessarius nobisq; datus a Deo tum cum natura. Geometria quicquid in mundo est corporeum metitur, tanto Regibus dignior quanto ipsi deo conuenit, quem indesinenter Geometram agere sapientes perhibent. Musica diuinam quandam voluptatem sortita vocum consonantium rationes numeris exprimit, ideo expetenda quia omni vitæ cum sit contemperanda verbis & operibus secundum Doricam melodiam, numerosa quadam indiget consonantia: vt viuere feliciter sit, consonanter explere numerum.

——*Explebo numerum reddarque tenebris.*
Astronomia demum nobis cœlos cœlorumq; motus & periodos reserat omnino

ad

pourquoy vous deuiez retarder de compter, de me-
surer des lignes & des plans, de peser & mouuoir
des poids, de cõsiderer les interualles des tons, en
fin de cõtempler les mouuemens celestes: si ce n'est
que V. M. se retiene de mettre la main à l'œu-
ure, iusqu'à ce qu'on l'ayt informée de l'vtilité &
du plaisir qu'il y a en chacune partie à part. L'A-
rithmetique manie les nombres, sans lesquels les
hommes ne pourroient, au iugement de Platon, pa-
roistre en chose quelconque aduisez: parce, dit-il,
que le nombre est necessaire pour comprendre toutes sciences, & partant nous a esté donné de Dieu
quand & la nature. La Geometrie mesure tout ce
qui est de corporel au mõde; science autant digne
d'vn grand Roy, que plus elle cõuient à Dieu mes-
me, que les Sages asseurent faire sans cesse le Geometre. La Musique pleine des delices des Dieux,
exprime par nombre les raisons des concerts, pour
ce recommandable, que nostre vie qui doit estre
temperée de faicts & de dicts, selon vne propor-
tion que les Anciens appelloient Dorique, a tousiours besoin de consonance, qui remplisse le nombre d'vne façon de viure heureuse.

Ie rempliray mon nombre, & me ren-
dray là bas.

En fin l'Astronomie nous ouure les cabinets des
Cieux, nous en fait voir les mouuemens, & nous
en arreste les periodes: du tout necessaire, parce que

ad perfectionem neceſſaria, quia Deus,

Os homini ſublime dedit cœlumq; tueri

Iuſſit. ――――――

vt ſcilicet mentis prouidentiæque circui-
tus, qui fiunt in cœlo, notans, eorum ſimi-
les in mente ſua conſtituat. Et hinc Plato qui primum ſcripſerat has artes actio-
ne liberas cognitionem tantum exhibere,
tādem cum miles ſtrenuè multis prelijs di-
micaſſet in Tanagram in Corinthum & in
Delum contendit vſui eſſe maximo mili-
tibus, Ducibus, Principibus & ómni omnino Magiſtratui, iuſſitq; pueros ijs inſtrui
qui aliquid vnquam honoris adeptuti eſ-
ſent. His exercitum numeramus, aciem
inſtruimus, impenſas ſubducimus, caſtra
metamur, vrbes propugnaculis munimus,
tormenta bellica adſtruimus, globos di-
rigimus, cætera omnis generis machina-
menta fabricamus, pondera quælibet qua-
uis potentia mouemus, diſtantias menſu-
ramus, terra cuniculos agimus, mundum,
terram, regiones, loca quæque compar-
timur, maria percurrimus, cœlum ipſum
ſcandimus, multaque alia abſoluimus qui-
bus militaris ærs vacare nullo modo po-
teſt. Verum non vſu tantum & exercita-

Dieu Tourna la face à l'hōme en haut, & commāda qu'il regardaſt le Ciel. *Aſin que remarquant que les tours & retours du Ciel ſont gouuernez d'vne perpetuelle prouidēce, il determine en ſoy les cadences de ſes deſſeins par la raiſon. C'eſt de là que Platon eſcriuit que les Mathematiques eſtoiēt affrāchies d'actiō, & qu'elles ne nous donnoient qu'vne ſimple cognoiſſance. Mais apres auoir long-temps porté les armes, & acquis force hōneur aux combats rendus à Tanacre, au ſiege de Corinthe, & en la guerre de Delos, il recogneut que elles eſtoient neceſſaires aux ſoldats, aux Capitaines, aux Princes, & à tout hōme conſtitué en dignité, & ordonna par ſes loix, que les enfans qui voudroient eſtre gens d'hōneur, les appriſſent ſoigneuſemēt. Par les Mathematiques nous nōbrons & ordōnons l'armée en bataille, nous cāpons, nous fortifions les places, nous nous muniſſos d'artillerie, faiſons iouer le canō, inuētons & fabriquons toutes ſortes d'engins de guerre, nous trainons & portōs tous fardeaux aiſément, nous meſurons les diſtāces, & prenōs les plans, cōduiſons ſous terre les mines, nous deſcriuons & cōpartiſſons le mōde, la terre, les regions & lieux d'icelle, nous courons les mers, nous eſchelons les Cieux, & faiſons pluſieurs autres choſes, dont l'art militaire ne ſe peut paſſer. Neantmoins ce n'eſt point ſeulement*

tione Mathematica prodeſt, hoc eſt cum
percepta eſt, ſicut aliæ ſcientiæ, ſed etiam
cum docetur & diſcitur vt antiquus nota-
uit orator Romanus diuino edoctus ſa-
piente, illam acutiores reddere hominum
etiam tardiorum animos. Ita ſit. O ! Rex
non ages Mathematicum, habes homi-
nes qui te hoc labore, (ſi labor eſt non po-
tius ſolatium) vindicent : ſed diſcendo
Mathematicam, fies iudicio melior, vo-
luntate iuſtior, mente & ingenio quie-
tior, adeo eſt diſciplinæ huius diſcendæ
modus reconditæ vtilitatis; vt ſi parui fe-
ceris quas animo capies delicias ex cogni-
tis aſtrorum nominibus, differentijs, erro-
ribus : ex apparentiũ omnium in cœlo, &
è cœlo perceptis cauſis, ex horarũ, dierum
& tempeſtatum deprehenſis inequalitati-
bus : ex data ratione viſionis tam directæ
quam refractæ, ex miro quem ars experi-
tur numerorum & ſonorum conſenſu, vel
forſitan ex ingenioſa inuolutæ queſtionis
reſolutione per Algebram, diſcat ſaltem
Maieſtas tua Mathemata, quia proſunt
cum diſcuntur. Enimvero eorum inte-
merata veritas ſi quid erroris committa-
tur ſtatim detegit, nec abeſſe iudicium

en l'vſage que les Mathematiques profitent, ou
quand elles ſont parfaictemẽt appriſes : ains l'ap-
prentiſſage, meſme au temps qu'on y eſtudie, ſert
beaucoup, comme a remarqué vn ancien Orateur
Romain, ayant appris du diuin Platon, qu'elles
aiguiſoient les eſprits, quelques tardifs qu'ils fuſ-
ſent. I'aduoüe, SIRE, que vous ne ſerez iamais
en peine de faire le Mathematicien, vous aurez
des ingenieurs, qui vous deliureront de ceſte peine : Neantmoins en apprenant les Mathematiques voſtre iugement ſe fera meilleur, voſtre volonté plus equitable, voſtre eſprit & voſtre penſee
s'appaiſeront, tant ceſt eſtude eſt de ſubtile ener-
gie. De ſorte que quand meſme V. M. meſpriſe-
roit les douceurs qu'il y a à entẽdre les noms des
aſtres, à ſçauoir leurs differẽces & leurs bizarres
mouuemens, à cõprendre les cauſes des apparẽces
celeſtes, à deſcouurir pourquoy les heures, les iours,
& les ſaiſons ſe changent, & ſont inégales, à
comprendre les raiſons de la veüe, tant droite que
rompüe, à experimẽter comme les nõbres cõuien-
nent bien aux ſons : bref, à voir reſoudre par l'al-
gebre vne queſtion fort embrouillée : du moins que
V. M. retienne, que les Mathematiques ſeruent
extrememẽt par l'ordre qu'elles tiẽnent au temps
qu'on y eſtudie. Leur inuiolable verité deſcouure
incõtinent la faute qui s'y commet, & ne peut per-

aut mentem peregrinari patitur: animam totam colligit quæ sic assueta esse perspicax, in cæteris etiam sit vegetior. Ceterum qui reperiuntur illic difficultatum scopuli naturæ lumine deuitantur vt cum a pueris ipsis vinci possint , septennibus proponi consueuerint ab antiquis, tantum abest, ô! Rex, vt ijs obstupescas iam plus decennio natus, quem animo reliquis tanto præstare experimur, quanto diuino munere superior es. Equidem benè regnare benè velle est, & voluntas Principis vt firmum regni stabilimen, errores etiam suos in iustas leges transtulit : adeo vt primum & maximum Regis officium sit voluntatem ornare, hucque omnes suos conatus, omniaq; studia referre. Ipsa vero cæca est nisi mente tanquam oculo Animæ dirigatur, nec vnquam absque intellectus lumine in proprium scopum collimauerit. Ipse itaq; est vt potior, facultas purgandus ijs potissimum disciplinis quæ omni genere rationum & proportionum ad scientiam recti & obliqui, iusti & iniqui, boni & mali viam terunt. Eapropter methodum illam quis inficiabitur, qua Mathematicam capere Maiestati tuæ placet, sensibus ve-

mettre pendāt qu'on y trauaille, que le iugemēt s'é-
gare où que l'esprit se promeine : elle ramasse toutę
l'ame à soy, laquelle s'accoustumant peu à peu à
voir clair se fait plus viue en toute autre chose. Au
reste ce qui s'y trouue de difficulté, se voit aisémēt
par la lumiere naturelle, & de ce que les enfans
mesmes la surmontent, les anciens bailloient les
Mathematiques à ceux de sept ans: tant s'en faut
que V.M. (qui a dix ans passés, & que nous ex-
perimētons estre autant grāde d'esprit, que par la
liberalité du Ciel sa puissance est eminente) s'en
rebutte ou s'en estóne. I'accorde que le bien regner
gist à bien vouloir, que la volonté du Prince, comme ferme base de l'Estat, a fait passer ses erreurs
pour iustes loix : qu'ainsi le principal deuoir du
Roy, est de parer sa volonté des plus belles quali-
tez qui luy soient deuës, & de rapporter là tous
ses efforts & son estude. Mais la volonté est aueu-
gle si elle n'est guidée par la pensée, comme par
l'œil de l'ame, & iamais ne visera droit à son
blanc, qu'elle ne soit éclairée de la lumiere de l'en-
tendement. Il faut donc purger ceste premiere
puissance de l'ame par les sciences principalement,
qui de toutes sortes de raisons & de proportions,
frayent la voye à la cognoissance du droit, & de
l'oblique, du iuste & de l'inique, du bien & du
mal. Partant qui seroit celuy qui n'allouroit la
me-

luti proprius admotam & moribus acco-
modatam? Et si enim Mathematicam ora-
tionem moratam esse posse neget summus
Naturæ Genius Aristoteles, tamen illi ad-
hibendo cuius gratia vnum-quodque fiat
pro ratione regij muneris non inutilem ad
mores componendos ostenderimus. Vnicum mihi superest (O! Rex) Varronem
olim doctissimum Principem Romanum
percunctatum cur paucis admodum arri-
deant Mathematicæ artes. Respondisse
has aut omnino nos non discere aut prius
desistere quam intelligamus cur discendæ
sint. Voluptatem vero talium disciplina-
rum in post-principijs existere cum perfe-
ctæ absolutæq; sint, in principijs vero ipsis
ineptas & insuaues videri: vt hinc intelli-
gat Maiestas tua non in meta sed in calci
bus appendi annulum & absoluendum esse cursum vt brauium reportetur. Tem-
pus otiumque abundant etiam Regi si ve-
lit: & ex horis quæ diem complent vix
omnes negotijs regni insumuntur, quin
vna supersit danda artibus benè faustéq;
regnandi, concedenda scilicet laudandæ
Principis voluptati qui delicijs animi fœ-
liciter frui nouerit. Nunquid Carolus ille
Ma-

methode dont *V. M.* prend à gré qu'on luy
presente les Mathematiques, conformée au sens,
& accommodée aux meurs ? Car encores que le
Genie de Nature *Aristote*, nie que le traicté en
soit moral : toutesfois y adioustant à quoy chas-
que chose se peut rapporter en égard au deuoir
du Prince, ce sera monstrer qu'elles ne sont in-
vtiles à luy former vne maniere de bien viure.
Il ne me reste, *S I R E*, qu'à vous aduertir que
Varron tres-docte Prince Romain estant inter-
rogé pourquoy si peu de gens prenoient plaisir aux
Mathematiques ? respondit, qu'il venoit de ce
que nous ne les apprenions pas, ou que nous les
quittions deuant que de sçauoir pourquoy on les
deuoit apprēdre : Que le plaisir de ces sciences
consistoit à la fin, & qu'elles estoient fades &
desagreables en leurs commencemens. Afin que
V. M. sçache que c'est au bout de la carriere,
non à l'entrée qu'est penduë la bague, & qu'il
faut fournir la course pour emporter le prix. Le
Roy a s'il veut du temps & du loisir. Les heures qui sont au iour ne sont tellement employées
aux affaires d'Estat, qu'il ne s'en puisse bien
donner quelqu'vne à l'estude de l'art de bien
regner, & au plaisir du Prince qui sçait iouïr des
contentemens de l'ame. Quoy le Grand Char-

C

Magnus, Iulius Cæsar, Augustus, Alexander Magnus, Constantinus qui singuli admiráda fortitudine summis Imperijs initia dederunt, quodá vitæ suæ die cum in pace tum inter arma à litteris sibi temperauerunt? Quinimò litteraturæ suæ specimina dederunt. Libri Caroli magni teruntur manibus: periere Iulij Dictatoris libri de Astrologia & de Analogia ad M. Ciceronem: Augusti, Aiax tragedia: Alexandri emendatio Homericæ poëseos., quæ olim ex Alexandri ferula dicta est. Non recensebo ad nauseam vsque plurimos alios Imperatores, Titum generis humani delicias in orando tum Latinè tum Græcè & fingendis poëmatibus promptum, Ælium Adrianum litteratum peritissimum sed Matheos imprimis, sicuti Seuerum Constantinum primum Romanorum Imperatorum nomine magnum, qui litteris semper impensè studuit & eas fouit, infinitos alios qui vitæ exempla Regi esse possunt. Vnicum addam Theodosium Magnum pium bellicosissimumq; Imperatorem, de quo Cassiodorus scriptor Ecclesiasticus refert, per diem quidem exercitum armis & corpore subiectorumq; negotia disce-

les, Iules Cefar, Augufte, Alexandre le Grand,
Conftantin, qui tous ont donné par leur glorieufe
valeur commencement à de houueaux Empires,
fe font-ils iamais retenus d'eftudier en paix &
en guerre? Ont-ils eu quelque honte de nous laif-
fer de leurs efcrits pour marque de leur fçauoir?
Nous auons en main plufieurs œuures de Char-
lemagne, l'Aftrologie de Iules Cefar s'eft perduë,
& vn liure qu'il compofa de l'Analogie, dedié à
M. Ciceron: Nous auons de mefme perdu l'Aiax,
tragedie faite par Augufte: La correction de la
Poëfie d'Homere que fit Alexandre le Grand. Ie
ne veux eftre ennuyeux au rapport que ie pourroy
faire de plufieurs autres Empereurs, du braue Ti-
te, furnômé les delices du genre humain, prompt
à bien parler en Latin & en Grec, & mefme à
compofer des Poëfies, de Aelie Adrian, fort docte,
principalement aux Mathematiques, de Seuere,
du vaillant Conftantin, premier des Empereurs
Romains, furnommé le Grand, qui eftudia aux
bonnes lettres continuellement, & les fauorifa.
Bref, d'infinis autres qui peuuent feruir d'exemple de vie au Roy. I'adioufteray feulement ce que
Caffiodore grand hôme d'Eftat & Efcriuain Ec-
clefiaftique rapporte du preux & tres-vaillant
Empereur Theodofe: que chaque iour il s'exer-
çoit aux armes & aux labeurs du corps, traictoit

C ij

ptalle iudicalle fimul & egifle modo,feor-
fum, modo cômmuniter quæ funt agenda
confideralle, noctibus libris incubuille, ad
eorum fciétiam miniftrafle candelabrum
arte mechanica factum vt fponte funde-
ret oleum in lucernam,quò nullus circa
regalia conftitutus in laboribus fuis coge-
retur affligi & naturæ vim facere fomno
repugnâs : quod hinc humanitatis & ami-
citiæ in fuos teftimonium fuit, quæ laus
Principi maxima eft, illinc affiduæ id dif-
cendi curæ quod Principem decet vt gloriam nancifcatur. Hoc modo antiqui illi
orbis domini robori artem, fortitudini
induftriam adhibuere, neutro rati Principem vacare polle qui magna fit acturus
noménq; magni reportaturus; Antiquo-
rum vero veftigiis inhærendum efle, miro
quodam animi impetu & oraculo Regio
nudius tertiùs recitante me de rê quapiam
opinionem veterum & recentiorum; fan-
xifti (ô Rex) vt fi Palladem cum Antiquis colueris haftam quatientem fimul &
libros euoluentem, indulferis fœliciffimè
genio tuo. Eandem Regis exemplo co-
lent tui Galli, eadémq; docebûtur fidem

des affaires de ses subiets, en iugeoit & determi-
noit tâtost seul, tantost en plein conseil, & que la
nuict il manioit ses liures, & qu'à cest exercice il
se seruoit d'vn chandelier fait de tel art qu'il
versoit l'huile en la lampe, afin que s'il conti-
nuoit long-temps son estude nul de ceux qui
estoient employez aupres de sa personne, n'en fust
incommodé, ou ne fust forcé en son naturel par
trop veiller. Ce qui d'vn costé est argument de
l'amitié qu'il portoit aux siens, qui reuient à
grãde loüange au Prince, & d'ailleurs tesmoigne
vn soin assidu d'apprendre ce qui sied bien à vn
Souuerain, pour acquerir de la gloire. Les anciens
maistres du monde ont ainsi adiousté à la force
l'art, & à la magnanimité l'industrie, asseurez
que le Prince qui auoit à faire de grãdes choses, ou
qui desiroit remporter le nom de Grand, ne deuoit
manquer de l'vne, ny de l'autre. Or n'agueres,
SIRE, V. M. entendant l'opinion des Anciens & des Modernes sur quelque sujet, dont
i'auoy l'honneur de l'entretenir, poussee d'vne
merueilleuse vigueur d'ame prononça cest Oracle
Royal: Il faut suiure les Anciens. De sorte que
ce ne sera qu'adherer heureusement à vostre An-
ge tutelaire, si vous faictes estat comme faisoient
vos predecesseurs de la Pallas, qui a la lance sur
la cuisse, & de l'autre main tient son liure. A
l'exemple du Roy, vos François la cheriront, &

quam supremo domino præstare oportet:
qua Regi vniuersim exhibita multomi-
nus iste mundus quàm Alexandro tuis
victoriis suffecerit, vel
——augurium vani docuere Parentes

Tuæ Majestati addictißimum
deuotißimúmq;

D. RIVALDVM A FLVRANTIA.

apprendront d'elle quelle fidelité on doit rendre au fouuerain Maiftre, laquelle vous eftant vne fois renduë de tous enfemble, ce monde icy moins qu'à Alexandre ne fuffira à vos viƌoires, ou lon a mal inftruit aux Prefages,

SIRE,
Voftre tref-humble & tref-fidele
fubjeƌ & feruiteur,

RIVAVLT FLVRANCE.

www.ingramcontent.com/pod-product-compliance
Lightning Source LLC
Chambersburg PA
CBHW070220200326
41520CB00018B/5718